图书在版编目（C I P）数据

最后一片大陆：人类南极探险史诗 /（意）朱莉娅·韦特里著；陈剑平译. -- 北京：中国友谊出版公司，2021.7

ISBN 978-7-5057-5233-7

Ⅰ. ①最… Ⅱ. ①朱… ②陈… Ⅲ. ①南极－探险－历史 Ⅳ. ① N816.61

中国版本图书馆 CIP 数据核字 (2021) 第 104932 号

著作权合同登记号　图字：01-2021-3530

书名　最后一片大陆：人类南极探险史诗
作者　[意] 朱莉娅·韦特里
译者　陈剑平
出版　中国友谊出版公司
发行　中国友谊出版公司
经销　新华书店
印刷　鹤山雅图仕印刷有限公司
规格　787 × 1092 毫米　8 开
6.25 印张　110 千字
版次　2021 年 7 月第 1 版
印次　2021 年 7 月第 1 次印刷
书号　ISBN 978-7-5057-5233-7
定价　92.00 元
地址　北京市朝阳区西坝河南里 17 号楼
邮编　100028
电话　（010）64678009

[意] 朱莉娅·韦特里 著　　陈剑平 译

最后一片大陆

人类南极探险史诗

中国友谊出版公司

前言

如果问哪里是地球上最不为人知的地方，人们一定会马上想到茫茫大海中的一个小岛，一个连人造卫星都很难发现的小岛；或者是百慕大三角中的一小片海域，那里常年蒙着一层神秘的面纱；又或者是不知道在哪里的海洋深渊，聚集着古老的海底城市和未知的深海鱼儿。但如果告诉你，地球上最神秘的地方其实根本没藏得这么深，相反，它就在地图上明明白白地摆着，会有人相信吗? 事实就是如此，这里冰天雪地，有两个欧洲那么大，是人类最后征服的一块大陆。这里有企鹅，有海豹，还有四处游弋的鲸：这里就是南极洲!

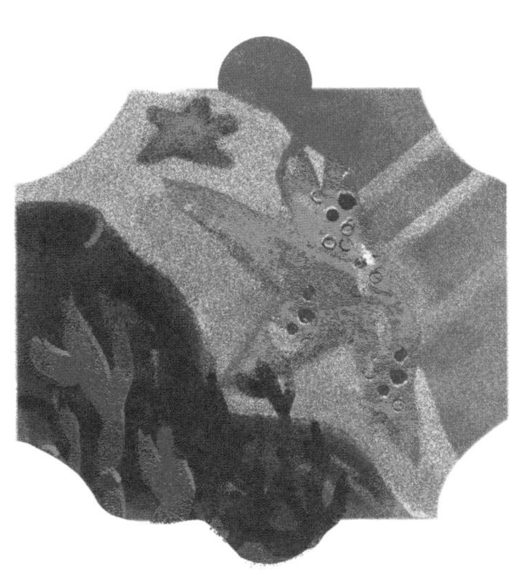

目录

截然相反的地方

很久以来，人们一直认为，在赤道下方的南半球，有一块独特的大陆。

在古代，希腊人最先猜测存在这块土地。他们当时已经知道地球是球形的，还知道北方有非常冷的地方，并把那里叫作阿卡提斯（Arktis），意思是“熊”。这个称呼不是来自真正的熊，而是来自北极附近的小熊星座。他们认为地球另一端和北极相对的地方，应该有一块起平衡作用的大陆，使我们的地球不至于翻转、下坠。这块大陆就叫作南极，意思是“与北极相对的地方”。

然后，这块当时还只存在于人们想象中的地方就被搬上了地图，并被叫作“南土”（Terra australis）、“未知大陆”（Terra incognita），或是“南方大陆”。人们认为这片未知的南方土地一定很大，周围波涛汹涌，上面居住着青面獠牙的怪兽，生活在那里的人甚至都四脚朝天走路。直到 1890 年，希腊人才给地图上的这片土地正式定名，那就是我们沿用至今的：南极洲。

南十字座

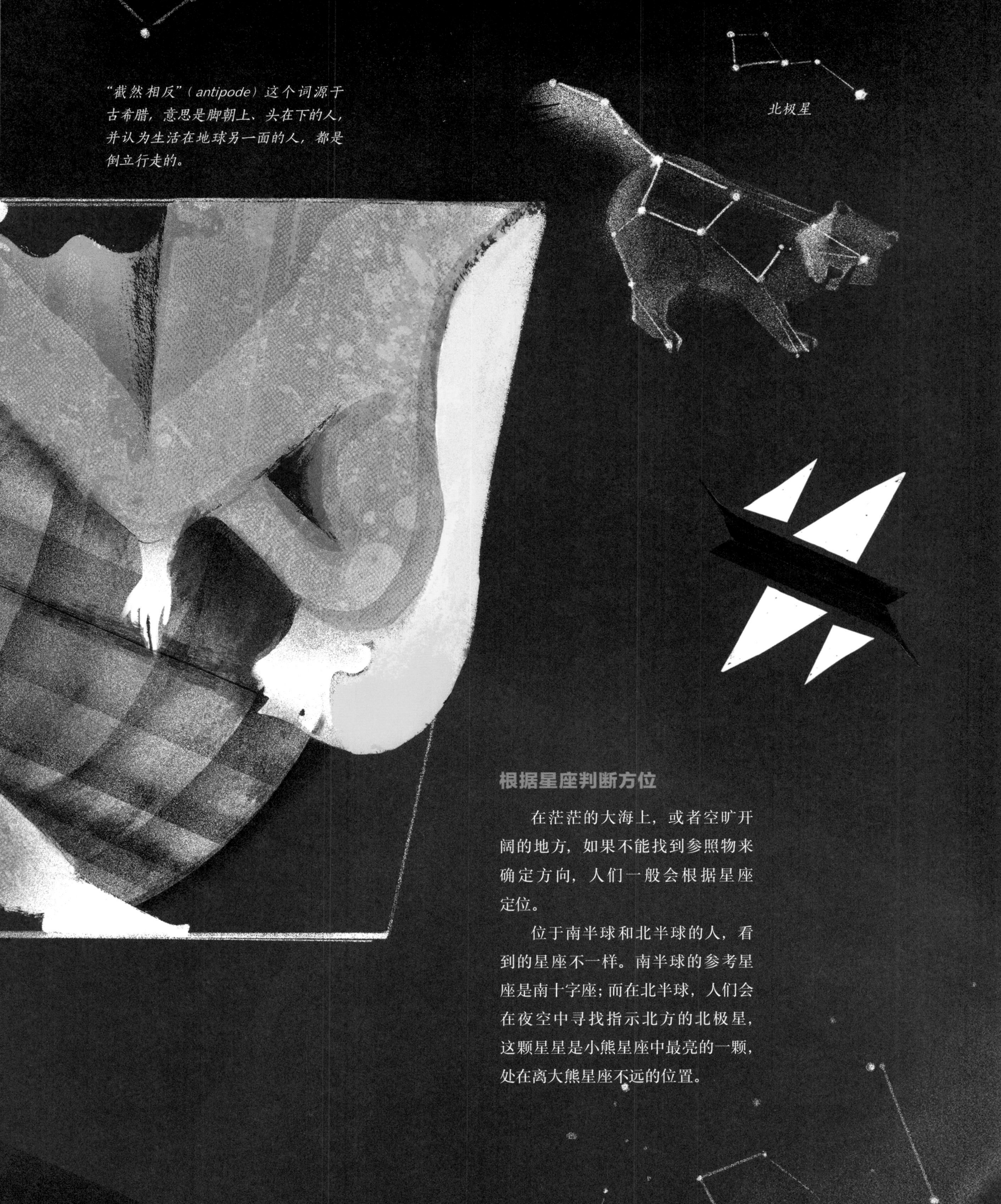

“截然相反”（antipode）这个词源于古希腊，意思是脚朝上、头在下的人，并认为生活在地球另一面的人，都是倒立行走的。

根据星座判断方位

在茫茫的大海上，或者空旷开阔的地方，如果不能找到参照物来确定方向，人们一般会根据星座定位。

位于南半球和北半球的人，看到的星座不一样。南半球的参考星座是南十字座；而在北半球，人们会在夜空中寻找指示北方的北极星，这颗星星是小熊星座中最亮的一颗，处在离大熊星座不远的位置。

托勒密的地理模型

托勒密在公元 2 世纪描绘的天空和地球的地理模型，一直沿用到公元 16 世纪。根据他的模型，南半球已知有人居住的地方叫作“地球上可居住的部分”（Écoumène），还有一片没有探索过的土地，那里十分炎热，所以没有人居住。托勒密认为这片土地是印度洋的南部边界。后来，这片谁也没见过的土地在地图上被标注为“未知的南方大陆”（Terra australis incognita）。

水手和探险家们测量太阳或北极星到地平线的高度，来判断纬度。

地球表面的每一个点，都有一个坐标，也就是在地球上精确地表示位置的两个数字：经度和纬度。设想地球从中间被分成两半，上面一半叫北半球，下面的叫南半球。中间分界的线叫赤道，纬度为 0 度。我们在地图上看到的水平线，是表示纬度的线，叫作纬线；竖直的线表示经度，叫作经线。

大约公元前 2 世纪，中国人发明了指南针，可直到 11 世纪，才开始把这项发明用于航海，但依然远早于欧洲航海者们。

今天美洲这个地名，要归功于早期的探险家亚美利哥·韦斯普奇（Amerigo Vespucci）。他认为由克里斯托弗·哥伦布（Christopher Columbus）发现的新大陆不属于亚洲，而是一片全新的大陆。

在欧洲，直到中世纪，人们还很难接受地球是圆的，并且围绕着太阳转，而不是太阳围绕地球转的事实，因为这与基督教的说法正好相反。直到16世纪，人们才对科学重新提起兴趣，并恢复航海探险。

15世纪早期最伟大的航海家是中国人郑和。早在欧洲的航海探索之前，这位宦官出身的中国回族伟大航海家，就作为船队的总指挥，率领船队7次出海巡游，展现了中国的海上力量。

地球
《地球大观》（Theatrum Orbis Terrarum）出版于1570年，是世界上第一部现代地图集。
麦哲伦
南美洲最南端的麦哲伦海峡，以葡萄牙航海家费南多·德·麦哲伦（Fernand de Magellan）的名字命名。麦哲伦第一个发现了这条连接大西洋和太平洋的海上通道。
美洲
大西洋
太平洋
火地岛
合恩角
未知的
南方大陆
麦哲伦以为自己望见了小岛上土著人生起的篝火，就叫这里“火地岛”。
当时人们认为未知的南方大陆与南美洲相连。
南方大陆是慵懒的地方，人们认为这里居住着一群游手好闲的土著。
法国哲学家莫佩尔蒂（Maupertuis，1698—1759）说：“我宁愿与未知的南方大陆上的土著聊一个小时，也不愿听欧洲鸿儒信口开河。”

赤道

亚南极地区的企鹅

亚南极的企鹅不生活在南极，而生活在临近的海域。其中有巴布亚企鹅，它的名字来自巴布亚新几内亚，不过这个国家根本就没有企鹅。

竖冠企鹅和马可罗尼企鹅（又名长冠企鹅）十分相似，但竖冠企鹅比较瘦小。马可罗尼企鹅的名字来自“马可罗尼”，这个词在 18 世纪泛指到意大利旅游、放荡不羁的英国年轻人：他们戴着假发，两侧的头发竖起来，像鸟冠一样。马可罗尼企鹅头上的黄毛竖立在眼睛左右，和他们很像。

关于国王企鹅的描述最初与实际有些不符。

探险家在日志中提到了一种非常奇特的生物，它们头上有一簇毛。其实，与人们想象的不同，这不是一个新物种，而是国王企鹅的雏鸟。成年后它们的毛才会掉下来。

大观

达伽马

葡萄牙人瓦斯科·达伽马（Vasco de Gama）于15世纪末，穿过非洲南端的好望角到达了印度。好望角在此前几年被巴尔托洛梅乌·迪亚士（Bartolomeu Dias）发现。达伽马的探索证明了印度洋是与其他大洋相连的，而不是此前想象的，被大陆环绕、封闭的大洋。

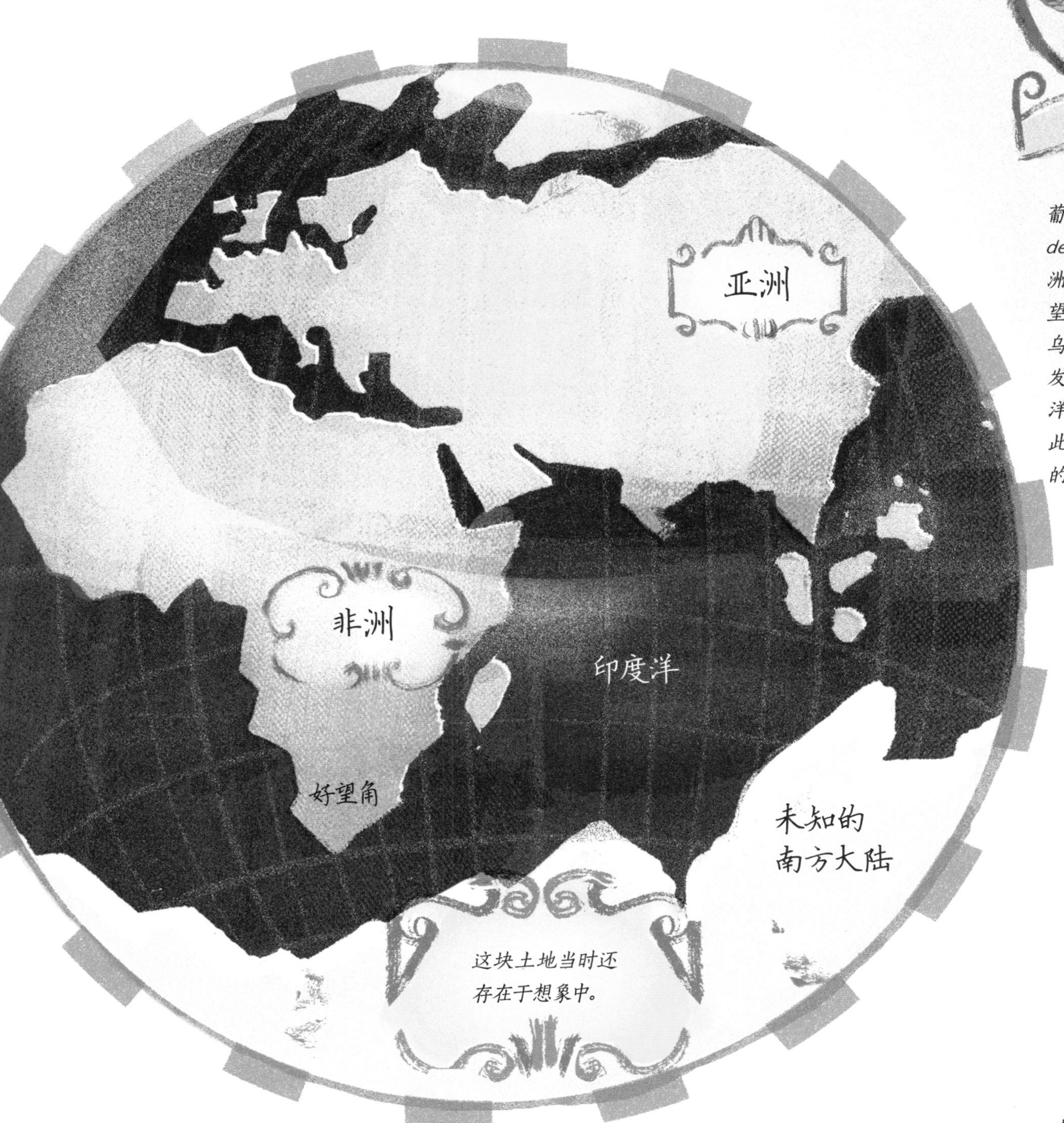

注意不要把北半球的大海雀和南半球的企鹅混淆。企鹅的翅膀不能使它飞行，却让企鹅成了出色的游泳运动员和潜水员。

第一批在南半球探险的航海家们发现了一种从未见过的动物。它像鸟一样长着羽毛，像鱼一样在水里游泳，像陆生动物一样在陆地上行走。尽管不知道如何分类，人们还是把企鹅划为鸟类，因为只有鸟类长着羽毛。

麦哲伦企鹅

“咆哮 40 度”

南纬 40 度到 50 度之间，有一个地球上最危险的风暴区域。在这里，来自南极洲的刺骨冰水和邻近海域的暖流迎头相撞，掀起的巨浪夹杂着狂风，而且由于没有多少陆地阻挡，风浪更加暴虐。英国人称这片区域为“咆哮 40 度”或“狂暴 50 度”，因为船帆在这里被狂风吹得隆隆作响。

南极洲真的存在吗？

政治家、航海家、私掠船船长弗朗西斯·德瑞克（Francis Drake）是第一个完成世界航行的英国人。1578 年，他率领船只刚刚驶出麦哲伦海峡，就遇到了骇人的风暴。他的船被吹离了航线，往南行驶到此前任何人都没有到达的海域。他回来发誓说，他在南方没有见到任何陆地。

经过 17 世纪的多次探险，人们逐渐知道了，火地岛不与南方任何更大的陆地相连。在发现塔斯马尼亚（澳大利亚的一个岛）、新西兰和澳大利亚之后，人们甚至开始怀疑，在南边是否真的存在一个“未知的南方大陆”，或者即使有，也可能更远，而且比托勒密想象的要小得多。

南方大陆

新荷兰

幽灵岛

1738 年，法国航海家让–巴蒂斯特·夏尔·布韦（Jean-Baptiste Charles Bouvet de Lozier）想在比非洲南端更远的地方，发现新的陆地。他到达一片未知海域，发现这里布满了大块的冰。他是第一个越过南纬 54 度的人，并且在这次航行中，发现了一个幽灵岛。这个岛屿若隐若现，常年大雾缭绕，冰天雪地。直到 1898 年，一队德国科学家才精确地测定了这个岛的经纬度，真正发现这座岛屿，并将它重新命名为布韦岛。

澳大利亚被认为属于这片“未知的南方大陆”。在地图上，只画出了探索到的几条海岸线，其余大片白色区域，则留给人们去想象。

詹姆斯·库克和捕猎

南极圈是界定极地区域的纬线。詹姆斯·库克（James Cook）是第一个越过南极圈的人。他于1773年1月17日乘坐“决心”号（*Resolution*）完成了这个壮举。他跨过南极圈后，没有发现大陆，却发现了南三明治群岛。

回到英国后，他向人们描述说，这片到处是冰水的海域里有数不胜数的鲸和海豹，从而引来了大量猎手前来围捕。

这片南方大陆，与其说是被探索地理的人发现的，不如说是被追猎动物的人发现的。

冰山是海上漂浮的巨大冰块，对比起水下隐藏的，人们在海面上看到的只是很小的一部分。

海豹的脂肪和鲸脂可以做燃料和润滑油，海豹皮装饰在当时是一种时尚。

50年间，成批的海豹遭到猎杀，大量物种灭绝或濒临灭绝。今天，鲸的数量急剧下降，只有20世纪初的1%，世界上最大的动物蓝鲸也面临消亡。

南象海豹是已知海豹中体形最大的一种，只是样子有点不太好看。雄性可以达到4吨重。因为它有一根“象鼻”，所以被命名为“象海豹”。

恩德比和抹香鲸

探险者经常用自己、资助者或者船主的名字来命名他们发现的土地。约翰·比斯科（John Biscoe）就用雇用他的捕鲸公司的名字命名恩德比地。这个捕鲸公司在当时十分有名，甚至后来赫尔曼·麦尔维尔的小说《白鲸》都提到了它。

南大洋海域的几种鲸。人们通过它们呼吸时喷出的水柱区分鲸的种类。

在麦尔维尔的小说中，船长亚哈（Achab）就在猎捕一头白色的叫作莫比·迪克（Moby Dick）的抹香鲸。

陆地!

人们最终发现南极大陆是1820年的事了。这一年，俄国探险家法比安·戈特利布·冯·贝林斯豪森（Fabian Gottlieb von Bellingshausen）带领船队“东方”号（*Vostok*）和“米尔内”号（*Mirny*），率先抵达南极洲海岸。第二年，他发现了极圈边缘的第一批小岛，他将其中一个冰雪覆盖的小岛命名为彼得一世岛，来纪念彼得大帝；另外一座更大的岛屿——亚历山大一世岛——用沙皇亚历山大的名字命名。

美国人不承认这种说法，他们认为是美国的海豹猎手纳撒尼尔·帕尔默（Nathaniel Palmer）（2）第一个发现了南极海岸，而不是俄国人贝林斯豪森（1）。不管怎样，两个人都曾拥有专门的肖像邮票。此外，英国人还提出了第三个候选人，就是海军军官爱德伍德·布朗斯费尔德（Edward Bransfield）。

1

2

1821年2月7日，当约翰·戴维斯（John Davis）登上南极大陆的边缘时，他说："我认为这片南部土地是一块大陆。"这是最早的登上这块土地的文字记录，但也许同一时期已经有其他猎手登上了这片土地。

浮冰

浮冰是由于气候变冷，海水表面结冰，逐渐形成的越来越厚的冰层。

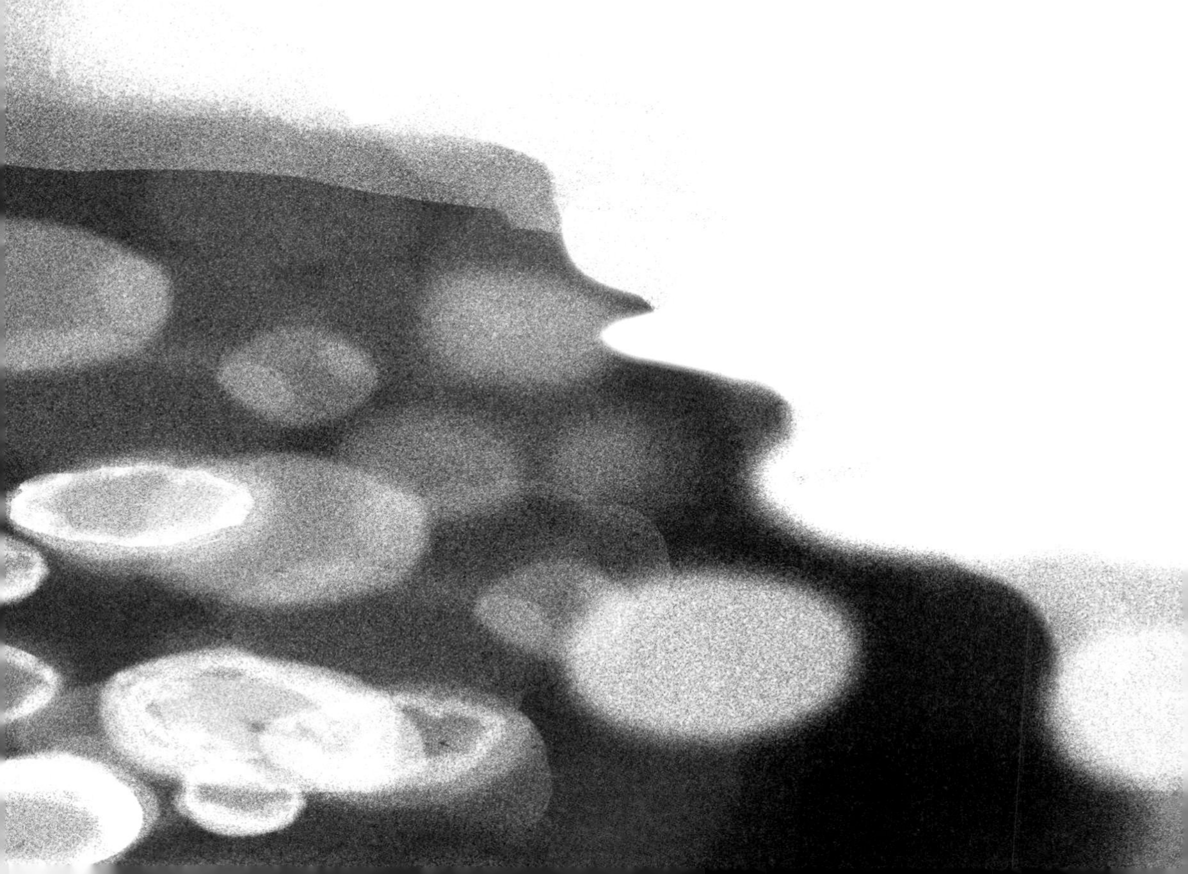

海冰的分类

在海面上，当温度降到 -1.86℃ 的时候，开始出现结冰现象，形成的破碎海冰叫初生冰。

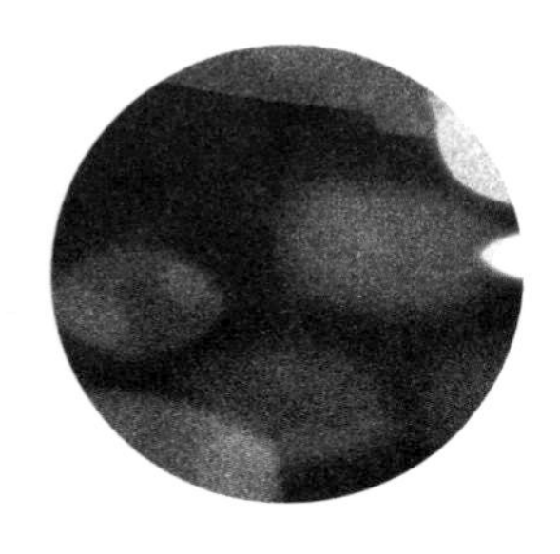

风和洋流把这些刚成形的初生冰聚集到一起，凝结成更大的冰，就好像漂浮在水面的一层薄皮，所以叫冰皮。

在天气晴朗、海面比较平静的时候，这些冰皮逐渐结成更厚的薄冰层，就是尼罗冰，随着冰层厚度不断增加，冰的颜色会出现从深到浅的变化（从暗黑、浅黑到灰色）。

当海面不平静的时候，这些成片的冰晶就会聚集，在几小时内形成圆盘状的莲叶冰。这些“莲叶”在风和海浪的作用下黏合在一起，形成连续不断的冰层。

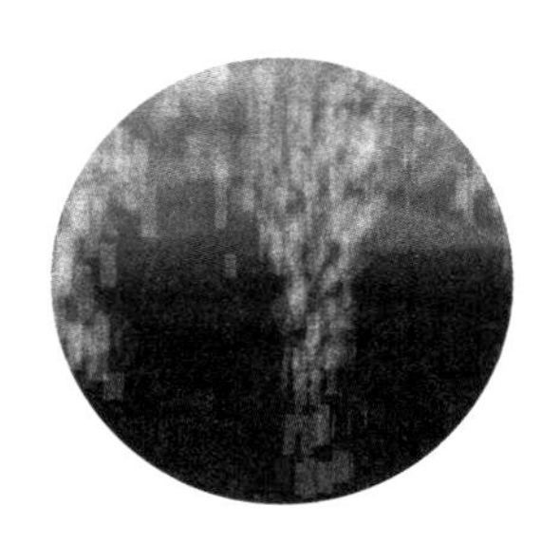

这些冰层下面不断生长出新的冰晶，使得冰层越来越厚，有时还会形成冰柱。因此浮冰会达到 2 米厚。

固定冰是那些附着在海岸，或者较大冰山上的海冰，比浮冰的稳定性好。

在南纬 55 度的南方，浮冰附近，总有些海燕在冰山之间飞翔。它们浑身雪白，这实在是巧妙的保护色。只有当它们展翅高飞时，人们才能发现它们。

在重力的作用下，极地冰盖慢慢滑向大陆边缘，然后滑入大洋，形成了在水中漂浮又与海岸相连的冰架。

极地冰盖

南极洲地表的大型淡水冰川*，叫作极地冰盖或大陆冰川。南极冰盖有数百万年的历史，年龄和厚度都超过了北半球的格陵兰冰盖。和浮冰不同，它不是浮在水面上，而是覆盖在陆地上。

** 带星号的词语参考词汇表。*

漂浮在水中的冰山，就是从这些冰架中分离出来的。它们的形状随风、水流和温度的变化而不断变化。刚分离出来的冰山边缘清晰；边缘模糊不清的，是较早滑落的冰山。

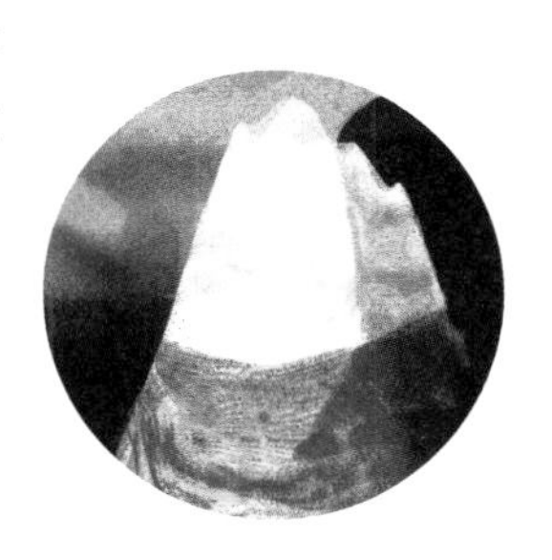

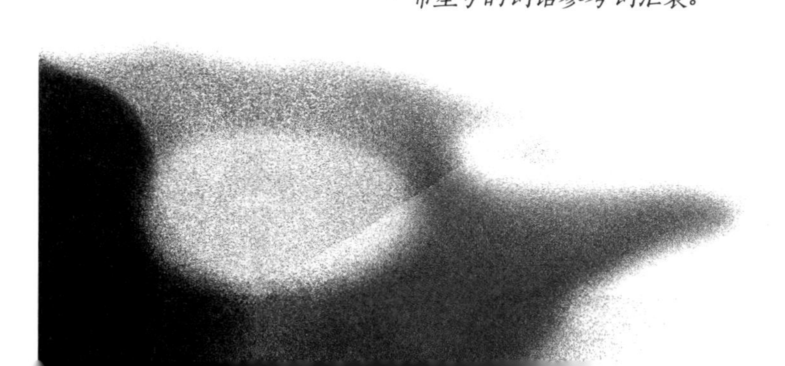

罗斯海

这几乎是地球上唯一一个没有被人类污染的海洋生态系统*，保持着极高的生物多样性。

这片海域一半以上的区域覆盖着厚厚的永冻冰层，罗斯冰架的面积可达到50万平方公里。

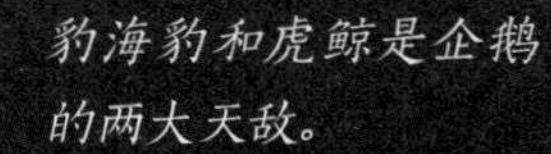

豹海豹和虎鲸是企鹅的两大天敌。

磷虾

磷虾长约65毫米，是外形像虾的小型甲壳类动物，名字来自挪威语，在挪威语中是“小鱼”的意思。磷虾是世界上十分庞大的动物种群之一，是食物链中很重要的一环。南极洲许多生物以磷虾为食，比如鲸、海豹，各种鱼类、鸟类和乌贼。全球变暖和过度捕捞都会导致磷虾的数量急剧下降，从而破坏食物链的平衡。磷虾主要吃浮游植物，浮游植物是生长在水里的微小植物。

磷虾是一种浮游动物，在南大洋的上层海水中，数以百万计的磷虾聚集在一起，有时面积可达到400平方公里。

像所有的冰架一样，罗斯海海岸的冰壁十分陡峭，有的地方甚至高达数十米。

鳍脚类动物

人们在南极海域发现了 7 种鳍脚类动物，分属海豹和海狮两大类。耳朵的形状是区分它们的重要标志，海狮有个尖尖的耳郭，海豹却没有外耳，只有耳洞。

在陆地上，海豹（1）不如海狮（2）灵活，它们无法用后肢爬行，海狮却可以做到。

威德尔海豹

这种海豹的名字来自英国探险家詹姆斯·威德尔（James Weddell）。19 世纪 20 年代初，他在最南端海域收集海豹皮，他也是第一个记录这种海豹的人。

豹海豹

豹海豹带斑纹的皮毛和狩猎者的本性，与它的名字完全匹配。它们有强而有力的下颌，以磷虾、其他种类的小海豹，甚至企鹅为食。

食蟹海豹

恰恰与它们的名字相反，食蟹海豹的牙不能直接咬碎蟹类的甲壳*。它们将海水囫囵吞下，再把水滤出去，享用磷虾。

在发现了阿德利地之后，杜尔维尔瞥见威尔克斯的双桅横帆船*，就拉满帆想上去打个招呼。可没承想，威尔克斯船上年轻的二副误以为对方要离开。双方都没有理解对方的意思，最后不欢而散，各自探险去了。

杜尔维尔、威尔克斯和罗斯

在19世纪30年代，经过三次长距离的环海岸航行，人们才最终确定，这块终年被积雪覆盖的地方确实是一块新大陆。三次探险分别由法国军官儒勒·杜蒙·杜尔维尔（Jules Dumont d'Urville）、英国上尉詹姆斯·克拉克·罗斯（James Clark Ross）和美国人查尔斯·威尔克斯（Charles Wilkes）完成。这些探险的目的是探路、绘图和寻找南磁极*。

詹姆斯·克拉克·罗斯确定了北磁极，数年以后，他又率领探险队去确定南磁极的位置。

据说罗斯是一位美男子，是英国海军里最帅的人。

1840 年，儒勒·杜蒙·杜尔维尔率领“星盘”号（*Astrolabe*）和“热心”号（*Zelée*）两艘轻护卫舰*，到达并踏上了一块有大量企鹅的未知土地。这些企鹅体长约 70 厘米，重达 5 公斤。他用妻子的名字将这块土地命名为阿德利地，将上面的企鹅叫作阿德利企鹅。

他率领的两艘船叫作“埃里伯斯”号（*Erebus*）和“特罗尔”号（*Terror*），他用这两艘船的名字命名了罗斯岛上的两座山。他还在 1841 年发现了罗斯海、罗斯冰架和维多利亚地。

阿德利企鹅是南极洲数量最多的企鹅，但是随着全球变暖，它们的数量在逐渐减少。

鸟类

燕鸥、贼鸥、海燕、企鹅等40多种鸟类生活在南极，其中的一些会在夏天温暖的时候，在南极大陆边缘或邻近的小岛繁殖。很少一部分鸟类会在南极待一整年，其他的则会到温暖的地方去过冬。

雪海燕（1）通体纯白，很容易和南极白色的冰盖融为一体，南极海燕（2）则是棕白相间的。

除了企鹅，南极贼鸥（3）也是能够抵御南极严寒的鸟类。这里的大部分鸟类主要以磷虾为食；而有一些，如贼鸥，则会去偷吃企鹅蛋。

贼鸥是南极洲的"清道夫"，因为这些贼头贼脑的家伙会以其他动物的尸体为食。

企鹅

企鹅是南极洲最典型的动物，多达18种。其中，只有帝企鹅（5）会在冬天繁殖。阿德利企鹅（7）冬天会生活在海里，天气转暖之后，才会大批回到陆地，在岩石附近，与帽带企鹅（6）或巴布亚企鹅一起筑巢。

人们总是把国王企鹅（4）和帝企鹅弄混，后者是企鹅中体形最高大的。

有些企鹅不生活在南极，它们生活在南半球较为温暖的地区，不过这些地区也会有从南极过来的寒冷洋流。

鲸

鲸属于鲸目动物，是海洋里的大型哺乳动物。鲸目动物又分为两个亚目，分别是须鲸亚目和齿鲸亚目。须鲸没有牙齿，但是有帘幕状的鲸须，它们用鲸须留下浮游生物*，滤掉海水。因为种类不同，鲸背上的鳍有大有小，有的品种没有背鳍。

鲸的尾鳍是水平的（与大部分鱼类的不同），是鲸向前游的主要动力来源。

如果海水呈现棕栗色或绿色，就说明这个地方有藻类聚集。海洋中的几百种藻类是海洋中重要的浮游植物群落。有些藻类甚至能在冰面下生长。

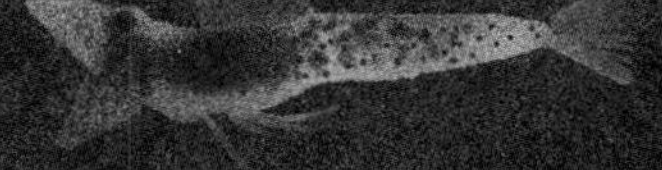

鲸旁边这团红色的东西，并不是鲜血，而是大量磷虾。磷虾的身体几乎是透明的，所有血液流过的地方都会透出红色来，再加上数量庞大，旁边的水似乎都被染红了。有了这条线索，我们观察水的颜色就能更容易地找到鲸，因为鲸最喜欢吃磷虾，经常一天要吃上好几吨。

南极冰鱼

南极冰鱼是一种能生活在南极冰冻水域（-2℃的结冰环境）的特殊鱼类。由于缺乏让血液保持红色的血红蛋白，它们的血是透明的，但它们有一种特殊的抗“冰冻”蛋白。

南极探险先驱

1520 年 费南多·德·麦哲伦在南纬 54 度发现了麦哲伦海峡。

1615 年 雅各布·勒梅尔和威廉·斯考滕首先率领船队绕过合恩角。

1642 年 阿贝尔·塔斯曼发现了塔斯马尼亚和新西兰西部海岸。

1739 年 让-巴蒂斯特·夏尔·布韦发现了布韦岛。

1771—1772 年 法国第一次开始南极探险，伊夫-约瑟夫·德·凯尔盖朗-特雷马克率领船队，发现了凯尔盖朗群岛。

1772—1775 年 詹姆斯·库克环南极航行，并多次深入极圈，最远到达南纬 71 度 10 分。

1819 年 威廉·史密斯发现了南设得兰群岛。

1819—1821 年 法比安·戈特利布·冯·贝林斯豪森前往南极探险，到达南纬 69 度 21 分 28 秒，看到南极洲，发现了南极大陆附近的彼得一世岛和亚历山大一世岛。

1820 年 爱德伍德·布朗斯费尔德和威廉·史密斯于 1 月 30 日发现了南极半岛，并命名了上面的特里尼蒂半岛。

1821 年 乔治·鲍威尔和纳撒尼尔·帕尔默两位海豹猎手，发现了南奥克尼群岛。

1821 年 约翰·戴维斯在休斯湾沿岸登陆，成为第一个踏上南极大陆的人。

1823—1824 年 詹姆斯·威德尔发现了威德尔海，并到达了南纬 74 度 15 分。

1831—1832 年 约翰·比斯科发现并命名了恩德比地、格雷厄姆地、比斯科群岛和阿德莱德岛。

1837—1840 年 儒勒·杜蒙·杜尔维尔发现了阿德利地，并于 1840 年 1 月 22 日，在一个叫作登陆岩的小岛登陆。

1838—1839 年 约翰·巴勒尼发现了巴勒尼群岛。

1838—1842 年 查尔斯·威尔克斯在 1840 年标记了威尔克斯地。

1839—1843 年 詹姆斯·克拉克·罗斯发现了维多利亚地，他在波塞西翁岛登陆，到达了罗斯冰架。

1892—1893 年 挪威开始南极探险，由卡尔·安通·拉尔森率领的探险队在靠近南极半岛的西摩岛登陆，并搜集了大量化石。

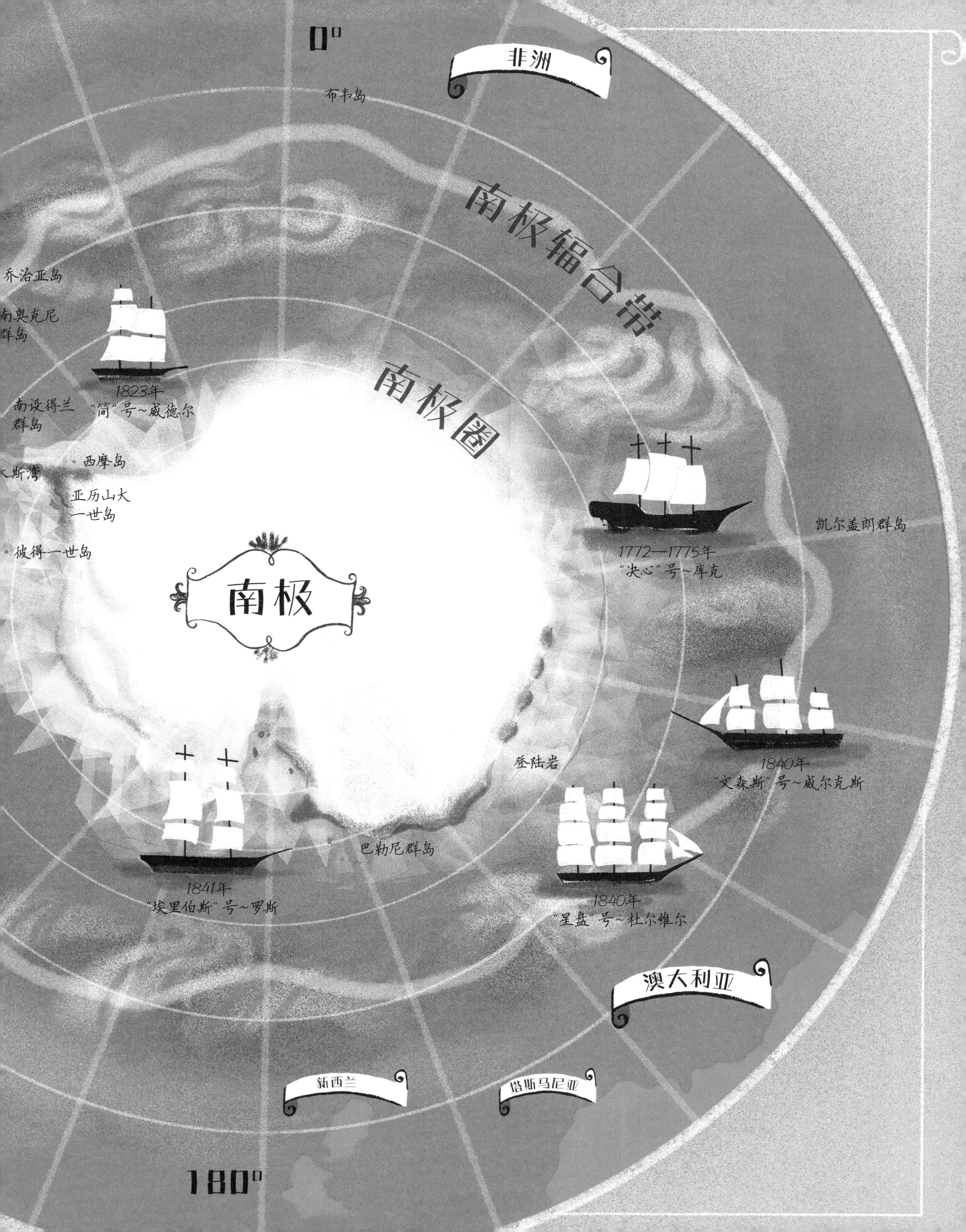
0°
非洲
布韦岛
南极辐合带
乔治亚岛
南奥克尼
群岛
1823年
"简"号~威德尔
南设得兰
群岛
南极圈
西摩岛
斯湾
亚历山大
一世岛
彼得一世岛
1772—1775年
"决心"号~库克
凯尔盖朗群岛
南极
登陆岩
1840年
"文森斯"号~威尔克斯
1841年
"埃里伯斯"号~罗斯
巴勒尼群岛
1840年
"星盘"号~杜尔维尔
澳大利亚
新西兰
塔斯马尼亚
180°

南极冬天

南极的冬天不但非常寒冷，而且能持续长达六个月的时间。第一个在这里过冬的是比利时探险家阿德瑞恩·德·哲拉什（Adrien de Gerlache），他在南极度过了1898年到1899年的寒冬。其实这源于一个意外，当时他的船“比利时”号（*Belgica*）航行到海冰中，风突然变了方向，船身后的水凑巧结冰，导致冰层合拢，结果船就被困在里面，直到13个月之后才被“放”出来。

在船员中，有一个当时名不见经传的人，叫罗尔德·阿蒙森（Roald Amundsen），后来就是他第一个到达南极点。

南极最大的陆地生物，只有2到6毫米！这是一种叫南极蠓的昆虫，就是在这次探险中被发现的。

阿代尔角

挪威探险家卡斯滕·波克戈里文克（Carsten Borchgrevink）的船队于1899年在阿代尔角登陆，他们成为第一批在南极大陆建立越冬营地的人。当时只有十个人和一群狗，他们的营地附近就有大量企鹅，条件非常艰苦。

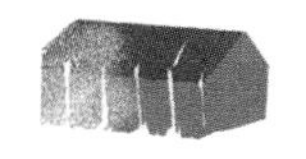

南极洲98%的区域被巨大的极地冰盖覆盖，冰盖厚达4700多米。

雪面波纹

在南极大陆内部，风比海岸的小一些，而且会朝同一个方向不断地吹。这种连续的风使积雪堆积，形成方向固定而且陡峭的波状雪堆，叫作雪面波纹。

气候

南极是地球上最冷的地区。记录显示，这里最低气温为-89℃，这是由俄罗斯的东方站测量的。这里也是地球上最干旱的地方，南极内陆下的雨比撒哈拉沙漠都要少，可以说是一个名副其实的“冰雪沙漠”。南极一些山海拔在4000米以上，风从山顶直吹下来，形成风速高达每小时300公里的下降风，横扫海岸，经常引起强烈的暴风雪。

奔向极点

谁能率先到达南极点*成为一场激烈的竞争。这场竞争有三个先驱者，第一个是欧内斯特·沙克尔顿（Ernest Shackleton），他是最先尝试的人。他最远曾于1909年1月9日，到达南纬88度23分（距离南极点只有180公里），但由于缺少补给，不得不折返回来。于是，机会留给了英国人罗伯特·法尔肯·斯科特（Robert Falcon Scott）和挪威人阿蒙森，这两个人由此开始了载入史册的探险。

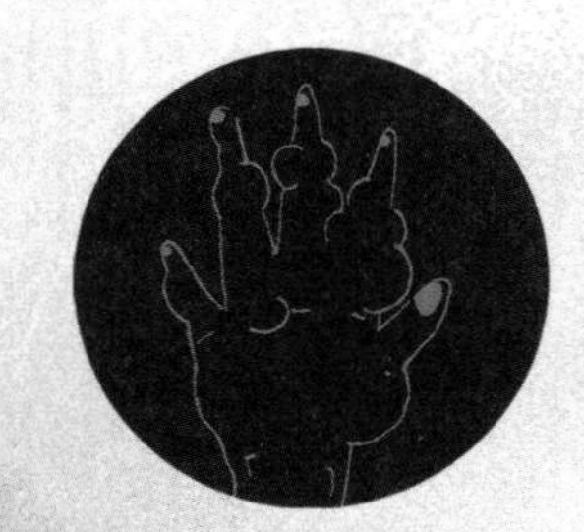

在温度极低的情况下，手和脚是身体上最先冻伤的部位。

阿蒙森的探险证明，狗在运送物资、帮助人类征服南极方面能做出巨大贡献。不过，现在为了保护南极脆弱的生态环境，狗和其他所有非南极本土的物种都被禁止进入。

英国人斯科特的“特拉·诺瓦”号（*Terra Nova*）拥有的设备比挪威人阿蒙森考察队的更先进一些，并且他们目标也非常明确，就是想尽快到达南极点。但是阿蒙森考察队的组织工作更加充分。最后，挪威人于1911年12月14日率先到达南极点，而英国人晚了33天才到达。

斯科特探险队队员阿普斯利·谢里-加勒德（Apsley Cherry-Garrard）写道：“（对比这些探险家）要说科学严谨性和地图的准确性，非斯科特莫属；要说冬季旅行经验，则是威尔森（Edward Wilson）①；如果只要到达南极点就行，就选阿蒙森；但是如果在这么个鬼地方，还想活着回去，那我宁愿天天跟着沙克尔顿。”

① 爱德华·威尔森博士，在1911年到1912年作为斯科特探险队的科学家和医生，一起参与南极的探险。——译者注

狗还是小马？

斯科特探险队的致命错误是用了耐寒的西伯利亚矮种马来拉雪橇。这些马比较重，在雪地的灵活度不如雪橇犬。而且，狗只用舌头散发热量，更能抵御寒冷，马全身都能散热，因此很快就冻僵了。后来，全部马匹都没能存活下来，探险队只好靠人力拖拽雪橇。

1912年1月17日，斯科特和他的四个伙伴历经千辛万苦，终于到了南极点。他们发现了挪威的国旗，知道已经来晚了。而且他们在回程中更加悲惨：食物短缺、坏血病*、刺骨的寒冷和突发的暴风雪，使他们再也没有回到大本营，长眠在这块他们奋斗过的土地上了。

南极探险的“英雄时代”

1895 年 1 月 24 日　列奥纳德·克里斯滕森、亨瑞克·布尔、卡斯滕·波克戈里文克和亚历山大·冯·图泽曼乘坐“南极”号，在阿代尔角登陆。

1898—1899 年　阿德瑞恩·德·哲拉什的“比利时”号被困在了冰中，这是人类第一次在南极过冬。

1898—1900 年　卡斯滕·波克戈里文克的探险队在阿代尔角搭建了只有两间简陋小屋的越冬站，并在那里度过了冬天，这是人类第一次在南极建立陆上基地。

1901—1904 年　由罗伯特·法尔肯·斯科特率领的“发现”号探险队，于 1902 年 12 月 30 日到达南纬 82 度 17 分，并且乘坐气球，在南极上空实现了第一次空中观测。

1901—1903 年　恩里希·冯·德莱卡斯基率领“高斯”号探险队，开启了德国的南极探险，发现了威廉二世地。

1907—1909 年　欧内斯特·沙克尔顿的“猎人”号探险队到达南纬 88 度 23 分。

1910—1912 年　阿蒙森的探险队于 1911 年 12 月 14 日首次到达南极点（南纬 90 度）。

1910—1913 年　斯科特率领的“特拉·诺瓦”号探险队于 1912 年 1 月 17 日到达南极点。

1914—1917 年　沙克尔顿率领的“坚忍”号探险队，本想穿越南极，但是他们乘坐的船被冰围困，后来又被冰压坏。探险队不得不在浮冰上度过数月，后来历尽艰险才乘独木舟渡过大洋。

1921—1922 年　沙克尔顿率领的“探索”号探险队，标志着南极探险“英雄时代”的结束，沙克尔顿本人在这次探险中不幸遇难。

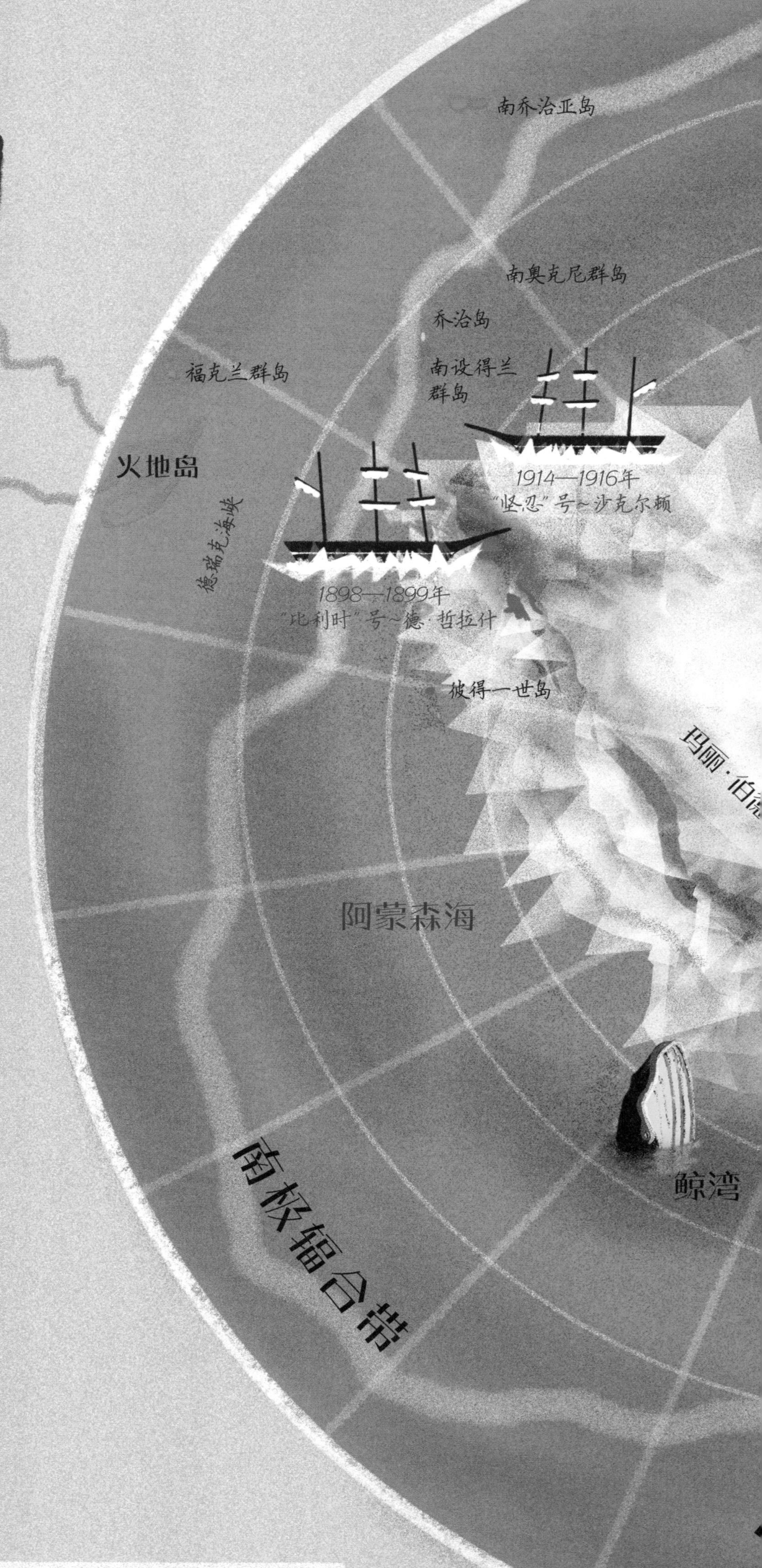

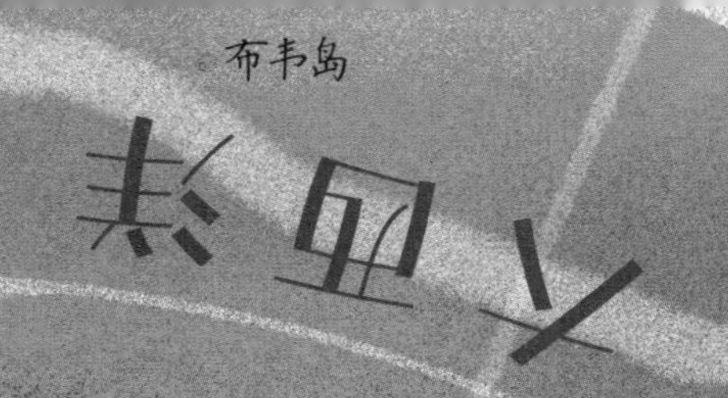

南极圈

毛德皇后地

恩德比地

1929年
“弗洛伊德·贝内特”号~伯德

南磁极

戴维斯海

1955—1958年
联邦横越南极洲远征~福斯

威尔克斯地

罗斯冰架

1902—1904年 阿德利地
斯科特

阿代尔角

巴勒尼群岛

1895年
波克戈里文克

蒙-杜尔维尔海

印度洋

平洋

南极辐合带

南极辐合带，也叫南大洋极锋，是环绕南极的一片水域。在这里，南极的冷水与温暖区域温热的海水交汇，形成了复杂的水文、气候和生物系统。

南极探险的“机械时代”

1928 年 休伯特·威尔金斯实现了人类第一次在南极大陆上空飞行。

1929 年 在罗斯冰架上建立了小阿美利加站后，理查德·伊夫林·伯德飞越了南极点。

1935 年 林肯·埃尔斯沃思实现了人类第一次飞越南极大陆。

1955—1958 年 卫维恩·福斯和埃德蒙·希拉里率领英国的联邦横越南极洲远征队，驾驶自动雪橇*横穿南极。

空中探险

在第一次世界大战之后，一些国家看到了南极地区的经济和政治资源，都想占领这些资源，例如对本国发现的土地或周边领域宣示主权。随着飞机的兴起，南极探险也进入了“机械时代”。从天空中观测能更好地绘制地图，也能够详细展现出海岸和一些未知区域的位置。这个时期的探险者可以利用更多的技术，从飞机、直升机到履带车，从空中摄影到无线电通信，一应俱全。

小阿美利加站是理查德·伊夫林·伯德（Richard Evelyn Byrd）的探险队于1928年至1929年建立的补给站。但当他们于1933年再次进行探险时，这个站已经完全被冰雪覆盖了，他们在附近又建了小阿美利加2号站。

在冰上目测距离

由于几乎没有灰尘，空气的湿度也非常低，南极陆地上能见度非常好。因此，那些看似很近的东西，实际可能很远。所以，这里实际的距离一般是视觉上距离的五六倍。

幻日和幻月

在南极，人们能看到极光*和其他很多不常见的光现象，幻日现象就是其中之一。这是太阳光照射空中的六角形柱状冰晶后，发生了折射，造成空中好像有多个太阳的一种现象。幻月现象和它相似，只不过看到的是月亮。

1929年11月29日，理查德·伊夫林·伯德率领一个四人机组，驾驶一架福特式三发动机飞机——“弗洛伊德·贝内特”号（*Floyd Bennett*），飞越南极点。他们从南极洲边缘，距离鲸湾不远的小阿美利加站出发，开始冒险。在飞行途中，他们不得不扔掉一些物资，来减轻飞机的重量，飞到更高的高度。大约10个小时后，他们到达了南极点，却没有降落，只是急匆匆地扔下一面美国国旗，就赶紧返航了。

福斯和希拉里的探险

现在只剩下完全穿越南极大陆的探险了。1957年，英国探险家卫维恩·福斯（Vivian Fuchs）从威德尔海乘坐自动雪橇和履带车出发，几乎同时，埃德蒙·希拉里（Edmund Hillary）率领另一支队伍从罗斯海出发，给福斯建立补给站。两支队伍在极点会合，在那里测量了极地冰盖的厚度。然后，福斯沿着希拉里预先设好的路标和站点，一共用 99 天完成了人类首次横穿南极大陆的壮举。

南极地质

南极大部分历史都埋在岩石上面的冰层中。随着地质学的发展，人们逐渐认识到，这块大陆以前属于一块更大的、气候温暖的大陆。

冰盖和冰川学

南极冰盖储存着全球70%的淡水，是世界上最大的淡水资源储库。在目前全球变暖的情况下，冰盖融化的现象日益严重。如果南极冰盖全部融化，海平面将会显著上升，海水会淹没很多沿海区域。冰川学就在研究冰盖的变化，预测未来趋势，了解冰盖变化对气候的影响。

虽然历经6000多万年的气候变化，但面对今天如此迅速的全球变暖，南极企鹅适应起来还是困难重重。

一些人想象，有很多奇怪的物种，被冰封在千年的冰层中，等待着复苏的那一刻，恐怖小说家H. P. 洛夫克拉夫特（H. P. Lovecraft）就是其中之一。

地球物理年

在 1957 到 1958 年间，借国际地球物理年的机会，苏联、美国、比利时、法国、英国、智利、阿根廷、新西兰、挪威、南非、日本和澳大利亚的科学家们，研究讨论了在南极进行科学考察，以及建立考察站的事情。这次国际合作取得了史无前例的成功，促成了 1959 年《南极条约》的签署。《南极条约》规定，各国放弃对南纬 60 度以南地区宣示领土主权，南极的利用仅用于和平目的。从此以后，南极成为科学家们独特的实验室，各国都可以在这里自由地进行科学考察。

冰层和洋流

南极冰层在冬天最冷的月份，厚度达到最大值。在南半球，冬天是七月份和八月份，与北半球相反。在冰冻的时期，海水把大量盐分带到冰层下方，使得这部分海水密度变大，垂直下降，成为一股下降流，为后续形成巨大的洋流提供动力。

环绕南极大陆的南极绕极流*是世界上最大的洋流，在全球洋流循环中扮演着重要角色，并在全球气候调节中也起到重要的作用。

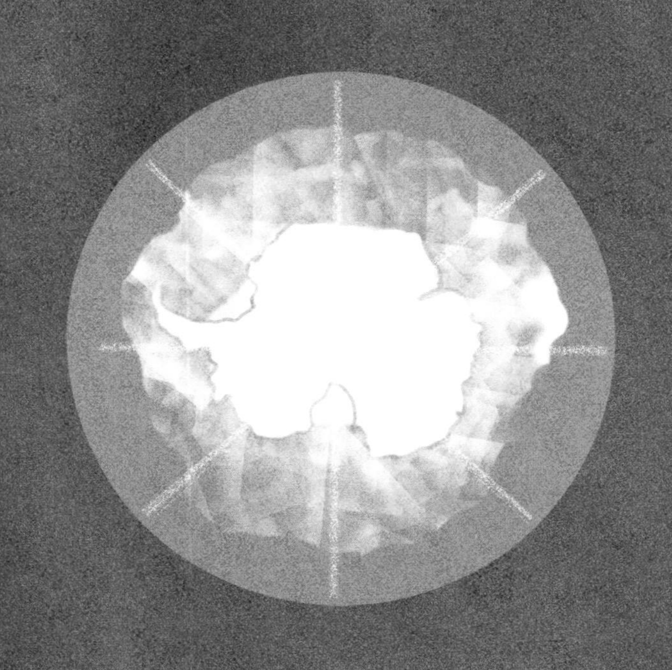

南极半岛

格雷厄姆地

帕默地

贝林斯豪森海

泰里山
4852m

阿蒙森海

1987 年，B-9 冰山从罗斯冰架掉落下来，把上面的小阿美利加 5 号站也带到海水里。这个冰山的面积有 5390 平方公里，比 51 个巴黎还要大。这还不是最大的冰山，目前记录的最大的冰山是 B-15 冰山，它在 2000 年脱离罗斯冰架，这块“巨无霸”的面积多达 1.1 万平方公里！

《南极条约》和科学考察

现在南极洲的冰层下面还有很多未解之谜。全世界的科学家们，包括地质学家、海洋学家、冰川学家、气候学家、天文学家和生物学家等，都来到这里探秘，使得南极变为一个巨大的科考站。现在人们有了更多发现，例如在 1985 年，人们发现了臭氧层空洞*。于是，科学家们根据此发现更新了我们对地球的认识，并努力寻求方法去解决这个问题。1959 年，参与国际地球物理年的国家和地区中，有 12 个在美国华盛顿签署了《南极条约》，规定南极大陆的科学考察仅用于和平目的。

1991 年，《关于环境保护的南极条约议定书》在马德里通过，并于 1998 年 1 月生效。其中规定，自议定书生效之日起 50 年内，禁止在南极进行矿产资源开发活动，这是为了确保该地保持自然生态系统，也就是成为自然保护区。

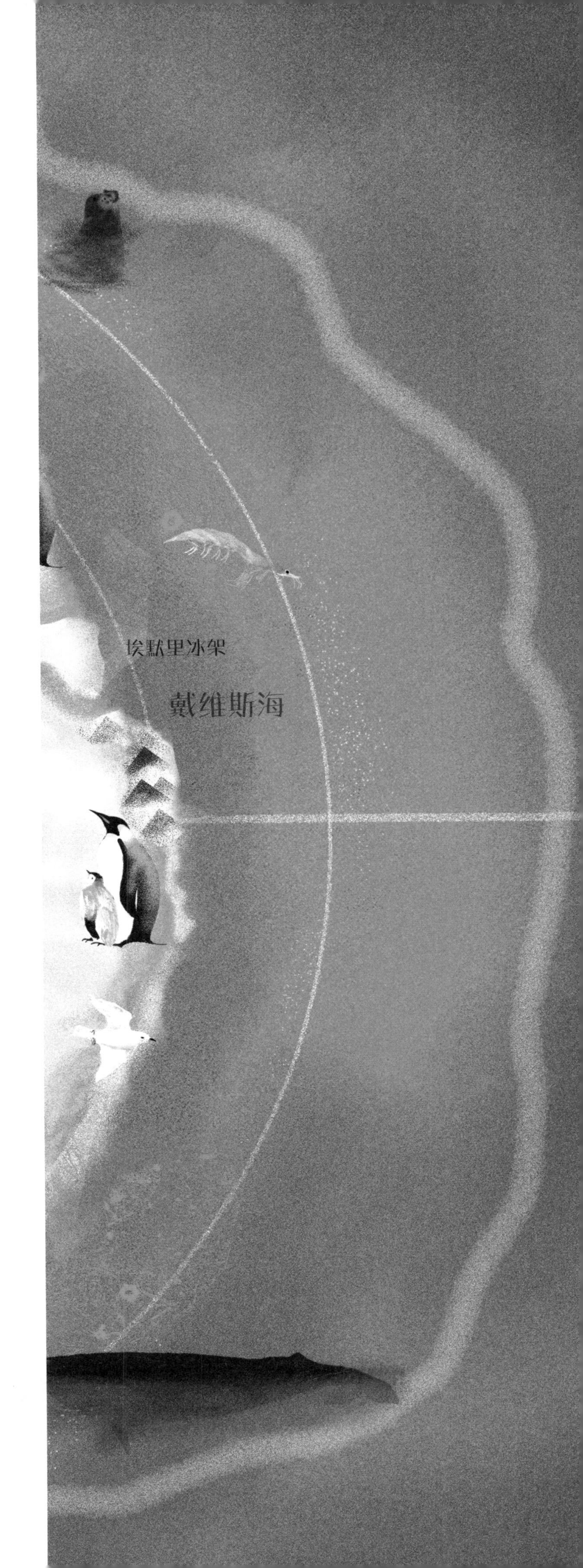

词汇表

极光

极光是由于太阳发出的带电粒子流（太阳风）进入地球大气层，与地面上空 100 千米到 500 千米的电离层相互作用，在两极的夜空中出现的灿烂美丽的光辉。

自动雪橇

一种由履带代替轮胎的车辆，能够减少对地面的压强，增大抓地性，可以在包括雪地在内的各种不稳固的路面行驶。

双桅横帆船

一种拥有前桅和主桅的小型两桅帆船。

甲壳

甲壳类动物和龟类起保护作用的硬壳。

南极绕极流

由强劲的西风推动，顺时针环绕南极洲的洋流。

轻护卫舰

小型战船，一般有三根桅杆。

生态系统

生物与环境构成的整体，生物和环境在其中相互影响、相互制约。食物链联系起了生态系统中所有生物。

冰川

积雪不断积累、压实后形成的大型冰块，在重力作用下会沿着坡面，缓慢向下移动。

浮游生物

浮游动物和浮游植物的统称，它们非常小，悬浮在水中，随水流漂动。浮游生物是很多水生动物的食物。

南极点

与北极点相对，是地表最南端的地方，也是360条经线会集和地轴穿过的地方。但注意不要和南磁极混淆，而且后者不是一个固定的点。

南磁极

地球磁力线会聚的一个点，也是指南针指示的正南方向。由于地球的磁场不是恒定的，南磁极的位置也不断变化，并不固定。

坏血病

一种饮食不均衡、严重缺乏维生素C导致的疾病，很多航海家和水手都会患上这种病。

臭氧层空洞

大气层中臭氧层的臭氧大量减少。臭氧可以阻挡对地球生物有害的一部分太阳紫外线照射到地表。人类活动排出的大量废气，导致臭氧数量减少，保护作用减弱。不过，随着节能减排，每年春天出现在南极上空的臭氧层空洞也在减小。

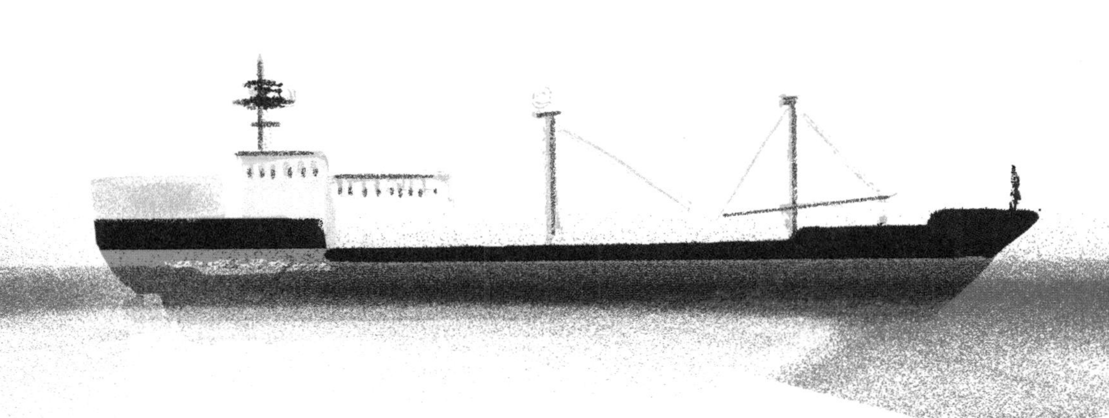

根据从太空观察地球的宇航员的说法，我们的星球最显眼的就是南极冰盖，它像一盏大大的白色灯笼，在世界底部发出光亮……

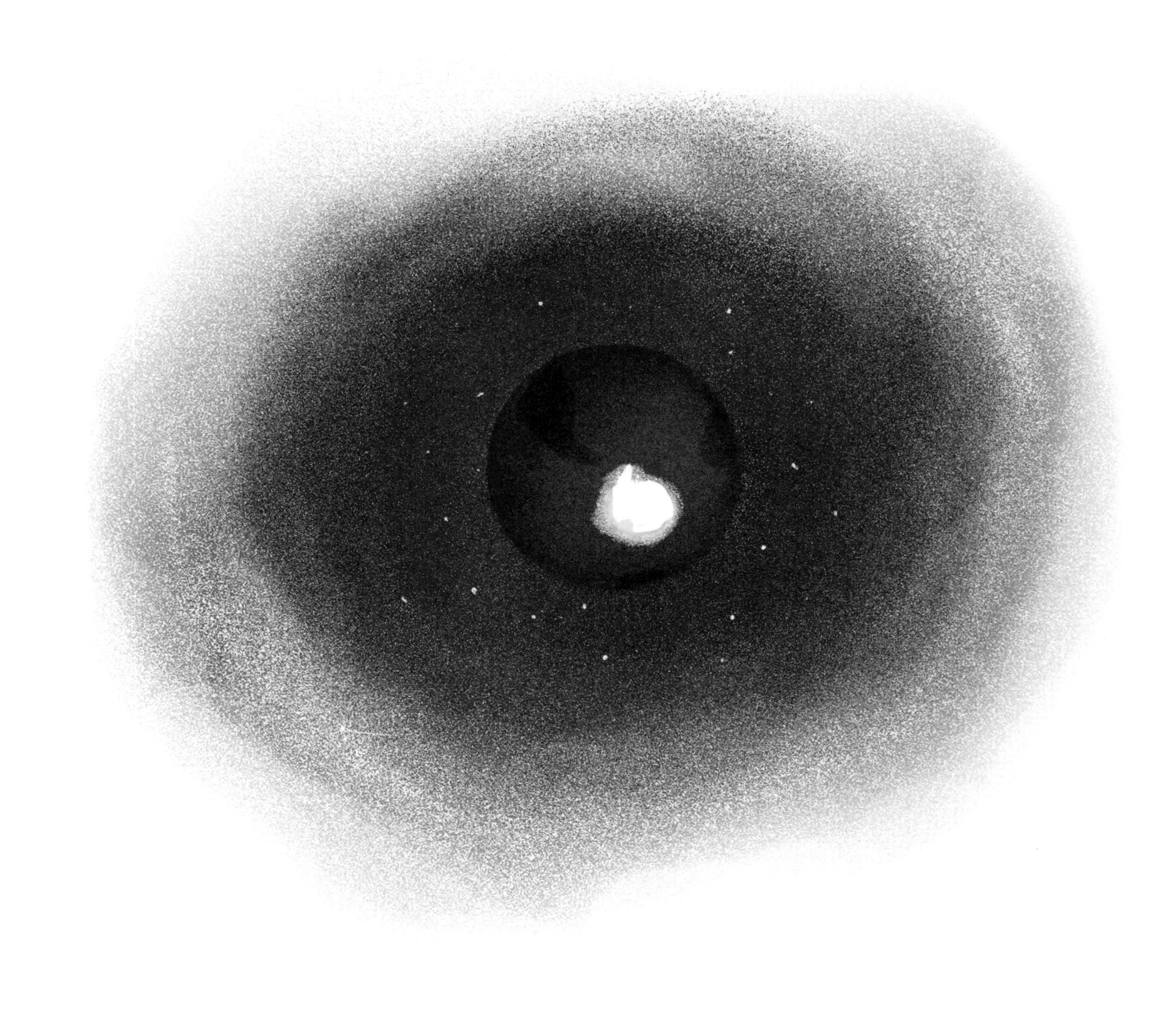

致谢

感谢运动专家亚历山德罗·达·利奥（Alessandro Da Lio）和的里雅斯特南极博物馆馆长内维奥·普列塞（Nevio Pugliese）博士，他们贡献了大量的珍贵资料。

isiaurbino

文章指导:

玛塞拉·泰鲁西（Marcella Terrusi）和史蒂文·瓜尔纳恰（Steven Guarnaccia）